COMUNICACIÓN ASERTIVA DEL CELADOR CON EL PACIENTE Y LOS FAMILIARES

INDICE

METODOS DE ACTUACION CON BASES CIENTIFICAS DEL COMPORTAMIENTO

OBJETIVOS DE LA PSICOLOGIA DE LA PERSONALIDAD

HISTORIA DE LA PSICOLOGÍA DE LA PERSONALIDAD

CARÁCTER ASERTIVO Y METODO PARA APLICARLO EN EL HOSPITAL

Métodos científicos para la actuación comportamiento asertivo.

ACTUACION DE FORMA ASERTIVA, DEPENDIENDO DE LA ZONA DEL HOSPITAL

-Servicios de Radiodiagnóstico y radioterapia.
-Servicios de quirófanos.
-Servicios UCI, RECU o (despertar).
-Servicios de Puerta principal.
-Servicio gimnasio de rehabilitación.

CENTRO DE SALUD.

COMPORTAMIENTOS POCO SOLIDARIOS DE ALGUNOS USUARIOS.

PROBLEMAS GENERALES HOSPITALARIOS Y SOLUCIONES ASERTIVAS PARA UNA MEJOR SANIDAD

PROBLEMAS CULTURALES E INTEGRACION.

Estadísticas

COMUNICACIÓN ASERTIVA DEL CELADOR CON EL PACIENTE Y LOS FAMILIARES.

Presentación

Estimados lectores, este manual es un conjunto de estatutos del celador, experiencias, situaciones, vivencias, estadísticas y metodología científica,
Basado en hechos relativamente cotidianos y otros no tanto, en un hospital desde el punto de vista y resolutivo de un celador con experiencia en comunicación social, estadísticas realizada a hospitales y por internet a usuario, con metodología científica probada.

Lo primero explicar el origen y **funciones del celador** en sus distintos departamentos.
Comunicación asertiva para el celador
Que es la comunicación asertiva, es aquella la cual se comunica de una forma madura equilibra, clara de entender, de forma directa pero sin agredir sensibilidades o voluntades de otras personas.
La asertividad es una conducta natural en las personas, la cual hay que intentar fomentar con una conducta.

Este libro o manual está enfocado como dirigirse de una forma correcta del celador, ante los enfermos y sus familias en los hospitales y centros de salud,
pero de una forma humana, natural y acercándose al enfermo de una forma llana fácil de entender, con

conceptos y comentarios cotidianos de la vida. Haciéndole más familiar y cercano la hospitalización.

Hoy en día en la vida social y laboral hay un conjunto de circunstancias, estrés provocado por el trabajo, dormir poco, mala alimentación, sustancias que alteran la personalidad o la realidad y cuestiones personales, las cuales hacen que una parte de la población, cuando llega a un Hospital con problemas añadidos, son personas con un alto nivel a tratar al profesional de unas formas un tanto injustas. Pero los profesionales que trabajan frente a dicho publico en hospitales, ante estas circunstancias con alto contenido emocional y ante enfermos y familia con diversas personalidades, cuestiones de gravedad, impaciencia por la atención del enfermo, hay que tratarlo de una forma asertiva y escuchando lo que quieran expresar y dependiendo del lugar y especialidad de donde se encuentre el enfermo o la familia dentro del hospital, ya que hay zonas más críticas o de gravedad que otras, pues habrá que ser mas empático y sensible al dialogo dependiendo de de estas circunstancias. Porque dependiendo la dolencia estará en una especialidad u otra y como imaginareis un muchacho que este en traumatología con una pierna rota y otro que este en nefrología, hay ciertas diferencias de ánimo.

Más adelante pondré unos supuestos en cada una de las estancias del paciente en el Hospital y otras en los Centros de Salud.

Funciones del Celador

El origen del los estatutos del celador en España es del año 71. Pero una de la principal función es la actitud asertiva con el paciente. Las funciones de los *Celadores* vienen recogidas en el *artículo 14, punto 2*, del Estatuto de Personal no sanitario al servicio de las Instituciones Sanitarias de la *Seguridad Social*. Dicho estatuto se plasmó en una Orden del Ministerio de Trabajo de 5 de Julio de 1971 (publicado en el B.O.E. del 22 de Julio de 1971). Pero se ha promulgado el nuevo *Estatuto Marco* que afecta a todo el personal estatutario del Sistema Nacional de Salud (Ley 55/2003, de 16 de diciembre) y deroga los tres estatutos vigentes hasta la fecha, las funciones recogidas en el antiguo Estatuto continúan vigentes (según la Disposición Transitoria Sexta de la Ley 55/2003).

Los Celadores tienen que realizar las siguientes funciones, pero debería de hacerse con cortesía y empatía:

- Tramitarán o conducirán sin tardanza las comunicaciones verbales, documentos u objetos que les sean confiados por sus superiores. Trasladarán de unos servicios a otros los aparatos o mobiliario que se les indique.

- Harán los servicios de guardia que correspondan dentro de los turnos que se establezcan.

- Realizarán excepcionalmente aquellas labores de limpieza que se les encomienden cuando su realización por el personal femenino no sea idónea o decorosa en orden a la situación, emplazamiento, dificultad de manejo, peso de los objetos o locales a limpiar.

- Cuidarán, al igual que el resto del personal, de que los enfermos no hagan uso indebido de los enseres y ropas de la Institución, evitando su deterioro o instruyéndoles en el uso y manejo de las persianas, cortinas y útiles de servicio en general.

- Servirán de ascensoristas cuando se les asigne especialmente ese cometido o las necesidades del servicio lo requieran.

- Vigilarán las entradas de la Institución, no permitiendo el acceso a sus dependencias más que a las personas autorizadas para ello.

- Tendrán a su cargo la vigilancia nocturna, tanto del interior como exterior del edificio, del que cuidarán estén cerradas las puertas de servicios complementarios.

- Velarán continuamente por conseguir el mayor orden y silencio posible en todas las dependencias de la Institución.

- Darán cuenta a sus inmediatos superiores de los desperfectos o anomalías que encontraren en la limpieza y conservación del edificio o material.

- Vigilarán el acceso y estancia de los familiares y visitantes en las habitaciones de los enfermos, no permitiendo la entrada más que a las personas autorizadas, cuidando no introduzcan en las instituciones más que aquellos paquetes expresamente autorizados por la Dirección.

- Vigilarán, asimismo, el comportamiento de los enfermos y de los visitantes, evitando que estos últimos fumen en las habitaciones, traigan alimentos o se sienten en las camas y, en general, toda aquella acción que perjudique al propio enfermo o al orden de la Institución.

- Tendrán a su cargo el traslado de los enfermos, tanto dentro de la Institución como en el servicio de ambulancias.

- Ayudarán, asimismo, a las Enfermeras y Ayudantes de Planta al movimiento y traslado de los enfermos encamados que requieran un trato especial, en razón de sus dolencias, para hacerles las camas.

- Excepcionalmente, lavarán y asearán a los enfermos masculinos encamados o que no puedan realizarlo por sí mismos, atendiendo a las indicaciones de las Supervisoras de planta o servicio, o personas que las sustituyan legalmente en sus ausencias.

- En caso de ausencia del peluquero o por urgencia en el tratamiento, rasurarán a los enfermos masculinos que vayan a ser sometidos a intervenciones quirúrgicas en aquellas zonas de su cuerpo que lo requieran.

- En los quirófanos auxiliarán en todas aquellas labores propias del Celador destinado en estos servicios, así como en las que les sean ordenadas por los Médicos, Supervisoras o Enfermeras.

- Bañarán a los enfermos masculinos cuando no puedan hacerlo por sí mismos siempre de acuerdo con las indicaciones que reciban de las

Supervisoras de planta o servicios, o personas que las sustituyan.

- Cuando por circunstancias especiales concurrentes en el enfermo, no pueda éste ser movido sólo por las Enfermeras o Ayudantes de planta, ayudará en la colocación y retirada de las cuñas para la recogida de excretas de dichos enfermos.

- Ayudarán a las Enfermeras o personas encargadas a amortajar a los enfermos fallecidos, corriendo a su cargo el traslado de los cadáveres al mortuorio.

- Ayudarán a la práctica de autopsias en aquellas funciones auxiliares que no requieran por su parte hacer uso de instrumental alguno sobre el cadáver. Limpiarán la mesa de autopsias y la propia sala.

- Tendrán a su cargo los animales utilizados en los quirófanos experimentales y laboratorios, a quienes cuidarán alimentándolos, manteniendo limpias las jaulas y aseándoles, tanto antes de ser sometidos a las pruebas experimentales como después de aquellas y siempre bajos las indicaciones que reciban de los Médicos, Supervisoras o Enfermeras que les sustituyan en sus ausencias.

- Se abstendrán de hacer comentarios con los familiares y visitantes de los enfermos sobre diagnósticos, exploraciones y tratamientos que se estén realizando a los mismos, y mucho menos informar sobre los pronósticos de su enfermedad, debiendo siempre orientar las consultas hacia el Médico encargado de la asistencia del enfermo.

- También serán misiones del Celador todas aquellas funciones similares a las anteriores que les sean encomendadas por sus superiores y que no hayan quedado específicamente reseñadas

Las funciones del celador en distintas estancias del hospital.

Puerta Principal.

1) Harán los servicios de guardia que correspondan dentro de los turnos que se establezcan.

2) Vigilarán las entradas de la Institución, no permitiendo el acceso a sus dependencias más que a las personas autorizadas para ello.

3) Tendrán a su cargo la vigilancia nocturna, tanto del interior como exterior del edificio, del que cuidarán estén cerradas las puertas de servicios complementarios.

4) Velarán continuamente por conseguir el mayor orden y silencio posible en todas las dependencias de las Institución.

5) Darán cuenta a sus inmediatos superiores de los desperfectos o anomalías que encontraran en la limpieza y conservación del edificio y material.

6) Vigilarán el acceso y estancias de los familiares y visitantes, según las normas del Centro, cuidando que no se introduzcan en el Hospital más que aquellos objetos y paquetes autorizados.

7) No dejarán nunca abandonada la vigilancia de la puerta de entrada.

8) En caso de conflicto con los visitantes. o intruso, requerirán la presencia del personal de Seguridad.

9) En casos excepcionales podrán ser requeridos para cualquier otra actividad contemplada en su Estatuto.

10) Se abstendrán de hacer comentarios a los familiares y visitantes de los enfermos sobre diagnósticos, exploraciones y tratamientos que se estén realizando a los mismos, y mucho menos informar sobre los pronósticos de su enfermedad, debiendo siempre orientar las consultas hacia el Médico encargado de la asistencia del enfermo.

11) También serán misiones del Celador todas aquellas funciones similares a las anteriores que les sean encomendadas por sus superiores y que no hayan quedado específicamente reseñadas.

Puerta de Urgencias.

1- Recepción del paciente:

- Recepción y ayuda a los pacientes que vengan en vehículos particulares y ambulancias.

- Recepción y ayuda a pacientes ambulantes.

- Transporte de pacientes en sillas de ruedas, camillas, etc.

- Aviso al personal sanitario cuando sea preciso.

2- Control de personas:

- Vigilarán de las entradas al Área de Urgencias, no permitiendo el acceso a sus dependencias más que a las personas autorizadas para ello.

- Información general, no sanitaria, no administrativa.

- Mantenimiento de las normas de convivencia general (no fumar, buen uso de las instalaciones, etc.)

3) Ayuda al personal sanitario en las medidas iniciales del tratamiento en las emergencias.

Celador de Urgencias

Este puesto concreto y de funciones limitadas requiere, no obstante, dinamismo, comunicación asertiva, paciencia y colaboración con los compañeros. Su trabajo consiste en trasladar al enfermo a la consulta del médico de guardia en camilla o silla de ruedas, según el estado del enfermo, colocarlo en la mesa de reconocimiento con la ayuda del personal Auxiliar de enfermería , salir fuera mientras se procede a la exploración y esperar la llamada del médico para trasladarlo a la planta donde se la hayha adjudicado la cama por la unidad administrativa de admisión de enfermos. Hace entrega del enfermo al Celador de Planta y vuelve a su sitio inicial de Urgencias.

Celador en planta.

1-Se hace cargo de los enfermos que llegan a la planta.

2-Dirige al enfermo a la habitación designada ayudando a encamarlo al personal Auxiliar Sanitario, llevando el carro o camilla a su procedencia.

3-Trasladar a los enfermos en la cama al servicio designado por el médico.

4-Ayuda a lavar a los enfermos masculinos, procurando hacerlo con cuidado y agrado.

5-Afeitar a los enfermos aquellas zonas designadas por el médico para una intervención u otro tipo de asistencia en caso de ausencia del peluquero.

6-Colocar y quitar "cuñas", ayudando a la auxiliar cuando, por circunstancias especiales, no pueda hacerlo sola.

7-Atiendee a las órdenes del médico o enfermera respecto a la distribución de la "farmacia pesada".

8-Trasladar aparatos y material, haciéndolo con cuidado para no deteriorarlos.

9-Retirar de los almacenes el material de la planta que haya sido autorizado, así como entregar el de desecho.

10-Conservar y vigilar el material y enseres de la Institución.

11-Impedir que los enfermos y acompañantes hagan mal uso del material.

12-Controlar la entrada y salida de visitantes.

13-Enseñar, si es necesario, a usar bien los ascensores.

14-Invitar a abandonar la institución a todos aquellos visitantes que no justifiquen su permanencia en la misma con educación y buenas formas.

15-Llevar informes verbales o escritos a los servicios que le sean ordenados procurando hacerlo con diligencia y rapidez.

16-Transportar y colocar (cuando no existe instalación centralizada) la botella de oxígeno a la cabecera del enfermo bajo la vigilancia de la enfermera adaptando el manómetro y abriendo la botella.

17-Ayudar a las enfermeras a amortajar a los fallecidos vistiéndolos con una sábana antes de trasladarlos al mortuorio. El cadáver debe ser retirado con discreción en una camilla procurando que los demás enfermos no se enteren de la muerte. Cuidará que no se pierda la tarjeta de identificación del cadáver y al transportarlo se pedirá a los pacientes deambulantes que se retiren a sus habitaciones durante el tiempo necesario para pasar del vestíbulo a pasillos.

18-Dará cuenta a sus superiores de cualquier anomalía en la conservación del edificio o material.

Quirófanos.

1- Tendrán a su cargo el traslado de los pacientes desde la unidad correspondiente al Quirófanos, Reanimación y viceversa, cuidando en todo momento de que a cada paciente le acompañe toda la documentación clínica precisa que debe serle facilitada por enfermería de la unidad de procedencia.

2- En los quirófanos ayudarán en todas aquellas labores propias del Celador destinado a estos servicios, así como en las que les sean ordenadas por los Médicos, Supervisores o Enfermeras/os.

3- Ayudarán, a requerimiento del Médico, supervisor o persona responsable, a la sujeción o movilización de los pacientes que lo requieran.

4- Transportarán a los servicios correspondientes los objetos y documentos que les sean confiados por sus superiores.

5- Trasladarán los aparatos o mobiliario que se requiera.

6- Harán los servicios de guardia que correspondan dentro de los turnos que se establezcan.

7- Observarán las normas internas del Servicio de Quirófano generales para toda la Unidad, en especial las referidas a la asepsia o higiene.

8- Darán cuenta a sus inmediatos superiores de los desperfectos o anomalías que encontraran en la limpieza y conservación del edificio y material.

9- También será misión del Celador todas aquellas funciones similares a las anteriores y que no hayan quedado específicamente reseñadas.

Radiodiagnóstico

1-Tendrán a su cargo el traslado de los pacientes desde la unidad correspondiente, a excepción del Servicio de Urgencias, a Radiodiagnóstico y viceversa, cuidando en todo momento que a cada paciente le acompañe la documentación clínica precisa que deba serle facilitada por la enfermera de la unidad de procedencia.

2-Tramitarán o conducirán sin tardanza las comunicaciones verbales, documentos, correspondencia u objetos que les sean confiados por sus superiores, así como habrán de trasladar, en su caso, de unos servicios a otros, los aparatos o mobiliario que se requiera.

3-Ayudarán a requerimiento del Médico, la Supervisora o persona responsable, a la sujeción o movilización de los pacientes que lo precisen.

4-Realizarán, excepcionalmente, aquellas labores de limpieza que se les encomiende en orden a la situación, emplazamiento, dificultad de manejo, peso de los objetos, o locales a limpiar.

5-Darán cuenta a sus inmediatos superiores de los desperfectos o anomalías que encontraran en la limpieza y conservación del edificio y material.

6-Observarán las normas internas del Servicio de Radiodiagnóstico.

7-Se abstendrán de hacer comentarios con los familiares y visitantes de los enfermos sobre diagnósticos, exploraciones y tratamientos que se estén realizando a los mismos, y mucho menos informar sobre los pronósticos de su enfermedad, debiendo siempre orientar las consultas hacia el Médico encargado de la asistencia al enfermo.

8-También serán misiones del Celador todas aquellas funciones similares a las anteriores que les sean encomendadas por sus superiores y que no hayan quedado específicamente reseñadas.

9-Estarán siempre localizados en el Servicio de Radiodiagnóstico.

U.C.I.

Los Celadores en las UNIDADES de CUIDADOS INTENSIVOS deberán estar con batas o uniformes asépticos, que se renovarán cada vez que abandone estas dependencias o salgan fuera del la zona aséptica. Dada las características de esta unidad, deberán procurar evitar ruidos innecesarios y estar acostumbrado en los movimientos delicados que habrá de realizar sobre los pacientes encamados. Dicha movilización se aprende con la práctica y las indicaciones de un veterano o personal instruido.

REHABILITACIÓN

1- Tramitarán o conducirán sin tardanza las comunicaciones verbales, documentos, correspondencia u objetos que les sean confiados por sus superiores, así como habrán de trasladar, en su caso, de unos servicios a otros, los aparatos o mobiliario que se requiera.

2- Realizarán, excepcionalmente, aquellas labores de limpieza que se les encomiende en orden a la situación, emplazamiento, dificultad de manejo, peso de los objetos o locales a limpiar.

3- Cuidarán, al igual que el resto del personal, de que los enfermos no hagan uso indebido de los enseres y ropas de la Institución, evitando su deterioro o instruyéndoles en el uso y manejo de persianas, cortinas y útiles del servicio en general.

4- Velarán continuamente por conseguir el mayor orden y silencio posible en todas las dependencias de la Institución.

5- Darán cuenta a sus inmediatos superiores de los desperfectos o anomalías que encontraran en la limpieza y conservación del edificio y material.

6- Ayudarán al Fisioterapeuta, cuando sea necesario, en la colocación y sujeción del paciente en su lugar de tratamiento.

7- Se abstendrán de hacer comentarios con los familiares y visitantes de los enfermos sobre diagnósticos, exploraciones y tratamientos que estén realizando a los mismos, y mucho menos informar sobre los pronósticos de su enfermedad, debiendo siempre orientar las consultas hacia el Médico encargado de la asistencia al enfermo.

8- También serán misiones del Celador todas aquellas funciones similares a las anteriores que les sean encomendadas por sus superiores y que no hayan quedado específicamente reseñadas.

9- Para la realización de todas estas actividades, así como de otras semejantes que pudieran surgir, estarán sometidos a los horarios y normas de la unidad a la que estén adscritos.

10- Estarán siempre localizados en la Unidad a la que estén adscritos.

11- En caso de conflicto con un visitante o intruso requerirá la presencia del personal de Seguridad.

PUERTA DE REHABILITACIÓN

1- Vigilarán las entradas de la Institución, no permitiendo el acceso a sus dependencias más que a las personas autorizadas a ello.

2- Velarán continuamente por conseguir el mayor orden y silencio posible en todas las dependencias de la Institución.

3- Recogerán los pacientes de Rehabilitación desde las ambulancias o cualquier otro medio de transporte.

4- Darán cuenta a sus inmediatos superiores de los desperfectos o anomalías que se encontraran en la limpieza y conservación del edificio y material.

5- Vigilarán el acceso y estancia de los familiares y visitantes, según las normas del Centro, cuidando que no se introduzcan en el Hospital más que aquellos objetos y paquetes autorizados.

6- No dejarán nunca abandonada la vigilancia de la puerta de entrada.

7- En caso de conflicto con un visitante o intruso, requerirán la presencia del personal de Seguridad.

8- En casos excepcionales podrán ser requeridos para cualquier otra actividad contemplada en su estatuto.

9- Se abstendrán de hacer comentarios con los familiares y visitantes de los enfermos sobre diagnósticos, exploraciones y tratamientos que se estén realizando a los mismos, y mucho menos informar sobre los pronósticos de su enfermedad, debiendo siempre orientar las consultas hacia el Médico encargado de la asistencia del enfermo.

10- También serán misiones del Celador todas aquellas funciones similares a las anteriores que les sean encomendadas por sus superiores y que no hayan quedado específicamente reseñadas.

AMBULATORIO/CENTRO SALUD

Cuidar del orden en todas las dependencias, vigilando el comportamiento de los enfermos y acompañantes, para conseguir el silencio y orden adecuado.

Es su función informar al público del lugar, día y hora de las consultas.

Traslada documentación, objetos, aparatos y materiales cuando sean requeridos para ello.

Se encargan del traslado de enfermos que no pueden hacerlo por si mismos.

Ayudarán al PERSONAL SANITARIO, si son requeridos, en curas y pequeñas intervenciones.

NORMAS MINIMAS DE COMPORTAMIENTO DEL CELADOR.

LA NORMATIVA AL CELADOR NO LE EXIGE UNA RELACION ASERTIVA CON LOS FAMILIARES Y ENFERMOS, PERO SI DE RESPETO A LAS NORMAS DE TRATO. NO ES LO IDEAL, PERO ES LO MINIMO PARA ACTUAR CON RESPETO.

El trato con el enfermo y sus familiares debe ser en todo momento de respeto y

Amabilidad, invitándolos a que observen las normas del centro asistencial. Se debe tener bien presente que la desatención al público constituye una falta leve; faltar al respeto una falta grave y los malos tratamientos una falta muy grave. De manera explícita, el Estatuto de Personal no Sanitario contiene una

Prohibición a los celadores en su relación con los familiares:

"Se abstendrán de hacer comentarios con familiares y visitantes de los enfermos sobre

Diagnósticos, exploraciones y tratamientos que se estén realizando a los mismos, y mucho menos informar sobre los pronósticos de su enfermedad, debiendo siempre orientar sus consultas hacia el médico encargado de la asistencia del enfermo".

Del mismo modo, la Ley 14/1986, de 25 de abril, General de Sanidad, en el

Capítulo primero, artículo diez dice:

"Todos tienen los siguientes derechos con respecto a las distintas administraciones públicas sanitarias:

1. Al respeto a su personalidad, dignidad humana e intimidad, sin que
pueda ser discriminado por razones de raza, de tipo social, de sexo,
moral, económico, ideológico, político o sindical.
2. A la **confidencialidad** de toda la información relacionada con su
proceso y con su estancia en instituciones sanitarias públicas y privadas que colaboren con el sistema público".

METODO PARA SABER ACTUAR DE FORMA ASERTIVA

Metodología científica basada en la personalidad, carácter y rasgos culturales, para una buena atención asertiva.

Para poder ejercer una buena atención asertiva como celador, se tienen que conocer los distintos tipos de personalidades y actitudes.

Hay diferente tipo de personalidades las cuales no encontraremos en los hospitales l cada una de ellas tienen sus particularidades, aquí explico las distintas personalidades de forma general, para después explicando de forma aplicada con un método dependiendo, de la personalidad, circunstancias, actitud, edad y costumbres.

PERSONALIDAD.
Los tipos de personalidades son básicamente 4: Romántica, Intelectual, Moderna y Natural

Concepto de personalidad.

El estudio de la personalidad dentro de la Psicología es amplio. Los Psicólogos no están de acuerdo con una definición única de la personalidad. Una definición actual es que la Personalidad se refiere a los patrones de pensamientos característicos que persisten a través del tiempo y de las situaciones, y que distinguen a una persona de otra la personalidad está íntimamente relacionada con el temperamento y el carácter. El concepto de personalidad es más amplio que ellos, si bien los incluye y completa.

Tipos generales de la personalidad:

Este sería el cuarto nivel, es aquí como se dimensiona la personalidad, se distingue tres áreas y cada dimensión puede considerarse como un continuo al que cada individuo puede acercarse en menor o mayor grado. De ahí que este último nivel de organización de rasgos, correspondería a las dimensiones básicas de personalidad propuestas por Eysenck.

DEFINICION Y CONCEPTOS FUNDAMENTALES DE LA PSICOLOGIA DE LA PERSONALIDAD.

Concepto de personalidad:

Etimológico: se deriva del latín clásico del término "persona" este término se utiliza para designar las máscaras o caretas que los actores romanos utilizaban en sus representaciones. Con personalidad hace referencia a la máscara o lo que aparenta uno de acuerdo con el contexto o la situación. El término personalidad puede referirse al papel que dicho actor representa en cada caso, el rol o los roles que interpretamos en cada situación. Una tercera acepción hace referencia al actor en sí mismo que es un individuo constituido por un conjunto de características individuales y que son diferentes del papel que representamos en cada momento y de los artificios que utilizamos para tal fin (la máscara). También las connotaciones sociales de prestigio y dignidad, una persona que goza de un estado legal (una personalidad en el derecho).

Concepto actual de personalidad:

Hay una ambigüedad tanto en su definición no sistemática, como en la definición sistemática o científica.

Empleo no sistemático (popular):

Se unen la perspectiva de antes la máscara, prestigio social, se puede considerar como el conjunto de características que confieren un atractivo social a un sujeto. En este sentido la personalidad vendría a ser la configuración que de sus manifestaciones externas hacen los demás, según este punto de vista se podría atribuir distintas personalidades a un sujeto en función de las personas que lo juzguen y en función de las situaciones en que se produzca el juicio. Estas caracterizaciones son además base real del comportamiento tanto del observador que hace la valoración como para el individuo o actor, estos juicios de valor tienen una utilidad predictiva y adaptativa para el observador que sabe de antemano una serie de conductas o datos que recibe del actor cómo será su personalidad que es un constructor teórico o atribuciones que realiza el observador sobre el actor. El observador que categoriza a la otra persona explica el valor predictivo y adaptativo explicaría los estereotipos, a la vez que nuestro comportamiento se haya modelado con las etiquetas que los demás nos atribuyen.

Concepto sistemático o científico de personalidad:

Existe un acercamiento al actor en sí mismo en cuanto poseedor de un conjunto de cualidades y propiedades peculiares que le definen con independencia de la categorización que de él y de su comportamiento realizan los demás.

Allport realizo una clasificación de las diferentes definiciones del término personalidad que sería:

Definiciones aditivas u ómnibus: En este tipo de definiciones la personalidad se entiende como la suma de todas las características que poseen y definen a un individuo. Definición de Eysenck "la personalidad es la suma total de los patrones de conducta actuales o potencial de un organismo en tanto que determinados por la herencia y el ambiente y que se originan y desarrollan mediante la interacción del sector cognitivo, conativo (carácter), afectivo (temperamento) y somático (constitución)".

Definiciones integrativas o configuracional: Hacen hincapié en la estructuración de las características o las relaciones entre las características. Estas características cómo se organizan en el individuo.

Definiciones jerárquicas: Existen una jerarquía y habrá un factor relevante que organiza las estructuras de la personalidad. Hay un factor que rige las características de nuestra personalidad.

Definiciones en términos de ajuste: Se entiende la personalidad como un conjunto integrado y organizado de características de un individuo pero se determina el ajuste de la conducta al medio, si es una conducta adaptada al medio la personalidad está integrada y si no es una conducta adaptada habrá unas características que no se integran al medio.

Definición de Allport "Organización dinámica dentro del individuo de aquellos sistemas psicofísicos que determinan sus ajustes únicos al ambiente".

Definiciones en las que se subraya el carácter distintivo de la personalidad: lo que es más definitorio y esencial del individuo.

Definición Pinillos "Lo propio del comportamiento de tal cual".

Notas comunes en la definición del concepto de personalidad, son las siguientes:

La personalidad abarca tanto la conducta manifiesta como la experiencia privada.

La personalidad hace referencia a características que son relativamente consistentes y duraderas.

El carácter único que el concepto de personalidad tiene para cada individuo.

Hace referencia al carácter inferido de la personalidad.

Las características de personalidad no implican un juicio de valor acerca de sus componentes.

Definición de personalidad: Hace referencia a la organización relativamente estable de aquellas características estructurales y funcionales innatas y adquiridas que conforman la conducta con que cada individuo afronta las distintas situaciones.

Objetivos de la psicología de la personalidad

El objetivo esencial de la psicología de la personalidad viene constituido por el estudio de la conducta normal en todos sus aspectos. Las teorías de la psicología de la personalidad son teorías generales de la conducta aunque el objeto primario de interés es el individuo singular más que una amplia gama de unidades sociales.

Individuo: Entendemos por individuo un ejemplar concreto de una especie de seres vivos que tiene cierto nivel de organización interna que es la responsable de la unidad del mismo, se caracteriza por ser indivisible y diferente del resto, se pueden distinguir dos aspectos en el individuo el organismo y el psiquismo, pero esta distinción entre estos dos aspectos está influenciada por el dualismo de Descartes entre la mente y el cuerpo.

Persona: Designa a un individuo humano concreto.

Personalidad: Es un término científico, un constructo formulado artificialmente y utilizado por los psicólogos con la intención de conocer la forma de actuar de las personas.

Temperamento, carácter, constitución e inteligencia

Identificar los diversos subsistemas dónde ubicar distintos términos que sean utilizados a lo largo de la historia para describir la personalidad de los individuos esta identificación tiene más una utilidad didáctica.

El temperamento: Un conjunto de rasgos relativamente estables del organismo, determinados principalmente por la biología del mismo y que se manifiestan en las diferentes formas de reacción conductuales que tiene la persona, en definitiva el temperamento hace referencia a las características emocionales de la conducta.

Constitución: Representa la unidad biofísica en la que se asientan la individualidad psicológica del sujeto y agrupa tanto los aspectos morfológicos como los fisiológicos.

Carácter : Proviene el término de la psicología de corte filosófico a partir del s.XIX es la influencia social, nos referimos a la mezcla de valores, creencias, sentimientos que tiene un sujeto y que están matizados por valores éticos-morales de la sociedad en la que el individuo vive, además la evaluación del carácter precisa un estudio cualitativo no cuantitativo.

Inteligencia: Esta inteligencia no es el C.I. de los test de inteligencia, se refiere hasta que punto el individuo es considerado socialmente inteligente y cómo demuestra el C.I. de los test en la práctica o interacción con el medio.

Tipos y Rasgos de personalidad

El estudio de la personalidad surgió desde dos tradiciones diferentes, una de ellas la que considera la personalidad como un fenómeno natural y por tanto susceptible de poder ser estudiada por la ciencia natural, la otra tradición en la Edad Media se consideraba la personalidad de origen sobrenatural, en ambos casos lo primero que hay que hacer para estudiar la personalidad es clasificar las diferentes facetas que este constructo engloba. Los primeros estudios estaban basados en tipologías, los tipos son categorías de personalidad independiente, es decir, en función de los rasgos de un individuo se pertenece a un tipo u otro de personalidad ejem. Extrovertido o introvertido. Es uso de la estadística desmonto el concepto de tipos y se habla del concepto de rasgo, el empleo estadístico empezó por Quetelec que observo que todas las características físicas se distribuyen como una campana de Gauss (curva normal), pero Galton aplicó lo que había dicho Quetelec para las características físicas pero a las características conductuales.

HISTORIA DE LA PSICOLOGÍA DE LA PERSONALIDAD

La psicología de la personalidad empieza como una disciplina científica en los años 30 hasta los 40 predominan los grandes teóricos de la psicología de la personalidad en esta etapa se habla del rasgo psicológico. En la década de los 40 a los 50 se caracteriza por el predominio de las grandes teorías factorialistas encontrar los factores relevantes de la personalidad. Dedada de los 60 a los 70 durante este periodo se impuso la perspectiva dimensional de la personalidad y se desarrollan los test de base psicométrica más reconocidos, también se inicia el movimiento de crítica al concepto de rasgo, se desintegra en la investigación el tópico de la personalidad como algo interno al individuo y como constructo complejo sustituyéndose este estudio de forma compleja por el estudio de aspectos parciales de la personalidad con relación a situaciones concretas. Década de los 80 se desarrollan el paradigma interaccionista como respuesta a las críticas mutuas que se hacían a los modelos de los rasgos y a los situacionistas, se reconoce que hay algo innato y también que hay factores ambientales o externos. Años 90 revitalización del estudio de los rasgos de personalidad pero con la voluntad de asumir las críticas que se habían recibido desde los modelos ambientalistas. En la década de los 90 vuelve a interesar las teorías de los rasgos el modelo de los rasgos de personalidad se confunde en sus orígenes y en sus postulados centrales con la psicología diferencial, estos modelos de los rasgos postulan que son disposiciones latentes, estables y son los principales determinantes de la forma en que actúa un sujeto.

Tipologías y clasificación de la personalidad

La descripción de la forma de ser de las personas es un ejercicio que en la sociedad occidental hunde sus raíces en los primeros filósofos interesados en la naturaleza humana, así encontramos en la Biblia y en los textos clásicos griegos diferentes tipologías para clasificar la variedad casi infinita que en la realidad podemos observar respecto a la conducta de las personas. En la Biblia en Esaus y Jacob eran descritos respectivamente como un hombre agresivo, bravo y Jacob un hombre tranquilo, paciente. La astrología también crea una clasificación de tipos. En la literatura del s.XVII encontramos que Milton describió en forma de poemas el carácter del allegro y penserosso, el 1º era un amante de la música, las fiestas, el juego y el 2º se caracteriza por la reclusión, la melancolía, la inteligencia. Schopenhauer filósofo alemán describe que la personalidad depende de la relación entre dos rasgos que dependen del temperamento uno es la energía vital y el otro la capacidad o sensibilidad de sentir dolor, si la sensibilidad predomina será una persona inteligente, melancólica y si predomina la energía los considera fuertes de espíritu o persona torpe que tiende al aburrimiento si no esta activo y realiza continuamente actividades vinculadas con el movimiento. Nietzsche también hizo una clasificación el dioniciaco o apolíneo. Toda esta tradición converge en la obra de Jung mantiene que la personalidad se puede establecer mediante la pertenencia a unos determinados tipos psicológicos estos tipos los analiza considerando que el tipo de personalidad está constituido por dos elementos una actitud con dos polos extroversión e introversión y una función psicológica predominante, pensar, sentir, intuir y emocionarse, esta clasificación de Jung está planteada desde un trabajo racional (desde la teoría al experimento para demostrarla) en contraste con los métodos empíricos (parte de la observación o el experimento hacía la teoría). Entre las teorías puramente tipológicas se sitúa la de Jung también conocida como la teoría de tipos psicológicos. En principio Jung pretende distinguir entre:

La extroversión: una aceptación fácil y sencilla que actúa sobre el sujeto, quiere influir y se deja influir por los demás, tendencia a relacionarse.

La introversión: no quiere relacionarse, realiza el trabajo con sus propias posibilidades.

Para Jung estas características se hacen visibles en la infancia y se mantienen constantes en la vida del sujeto. El tipo de personalidad de un individuo depende de las actitudes anteriores (extrav.-introv.) y la predominante en el sujeto:

Actividades racionales: pensar y emocionarse. Ya ambas transforman la información perceptual que le llega al sujeto, es decir, la elabora.

Actividades irracionales: engloban el sentir e intuir, se llaman así porque no hay información elaborada previa.

RASGOS

Los rasgos y los tipos no se pueden observar es una abstracción o constructo teórico. Una conducta concreta es una respuesta a un estímulo del ambiente que si se observa pero hay una predisposición interna del individuo para comportarse de una manera determinada. El rasgo amistosidad incluye varias respuestas como disfrutar hablando por teléfono, hablar mucho, este rasgo de amistosidad no se pone de manifiesto constantemente es conveniente distinguir entre rasgos y estado se pone de manifiesto claramente entre la ansiedad rasgo o inestabilidad emocional o el estado de ansiedad. En definitiva la hipótesis disposicional afirma que algunas personas reaccionan más ansiosamente que otras ante situaciones percibidas como peligrosas o amenazantes y no solamente esta tendencia este rasgo de ansiedad hace que reaccione intensamente sino que se refiere a un mayor número de situaciones que consideran peligrosas o amenazantes. Cerón ya daba cuenta de este fenómeno decía que hay personas más dispuestas a sufrir ataques renales esto no quiere decir que los tenga siempre, también hay personas que están predispuestas a tener miedo como resultado de esto decimos que hay personas con un temperamento ansioso. Una cosa es ser emocionalmente inestable y otra estar ansioso, no todas las personas con temperamento inestable están ansiosas constantemente. Decir que los rasgos se activan se hacen estado generalmente por demandas de la situación podemos decir que los rasgos son tendencias subyacentes en la persona que causan y consiguientemente explican los pensamientos, emociones y acciones del individuo. Actualmente entre los psicólogos de la personalidad se acepta que un rasgo representa una unidad básica de la personalidad que hace referencia a regularidades y consistencias de comportamiento genéricos (engloba varias conductas). La estructura de la personalidad como un conjunto de dimensiones estables e internas al individuo. Estas disposiciones se centran en el estudio de los rasgos que son características psicológicas disposicionales que son internas o propias del sujeto, amplias que no se refieren a conductas específicas, consistentes en gran cantidad de situaciones se produce y estables en el tiempo que no cambian de un día para otro, que se utilizan para evaluar y predecir la personalidad de los individuos. Ejemplo : rasgo honestidad comportarse honestamente constituye una unidad significativa que se refiere a la conformidad de la conducta de un individuo con ciertos valores morales, éticos, ¿pero esta propiedad es una entidad psicológica tiene su raíz en la persona o es simplemente una etiqueta para englobar unas determinadas conductas observadas?, si nos referimos al segundo enfoque que es el ambientalista solo se describe no tendrá pues sentido hablar de rasgos pues no es una variable latente del sujeto, pero se ha vuelto a retomar que existen unas tendencias internas o predisposiciones a partir de que consideramos el rasgo como variable latente para medirla podemos utilizar diferentes estrategias:

Consistirán en observar conductas, si determinadas conductas agrupadas.

CARÁCTER ASERTIVO Y METODO PARA APLICARLO EN EL HOSPITAL

Ser asertivo, es una habilidad social que se adquiere, con la experiencia, de una forma natural con el carácter, pero también se aprende y se aplica
La metodología científica en la comunicación asertiva, se basa en el comportamiento humano en sus diferentes estados de ánimo y las vivencias y experiencias. Estos comportamientos de la vida sobre estados emocionales elevados. Estos comportamientos que ya en psicología hay test y procedimiento para casos más estrenos, pero no para las circunstancias cotidianas en los hospitales. Los cuales los celadores seguirían esta metodología para una comunicación asertiva con el paciente y los familiares.

Métodos científicos para la actuación comportamiento asertivo.

Actuación de supuestos prácticos

1.- Individuo pregunta de forma pasiva sin explicarse bien .Se saluda e identifica y se le responde de forma clara tantas veces como fuera necesario, en todo momento con un actitud amable.

2.-Un individuo llega increpando y de forma agresiva, simplemente porque lleva esperando mucho tiempo la respuesta del médico, en todo momento estar tranquilo, responder de una forma correcta y sin perder una actitud moderada. Se le hace de ver que lo entiende y comprende su enfado, empatía con el indignado, pero explicado las normas de una forma profesional como hasta ahora, nunca enfrentarse, simplemente seguir con la misma actitud asertiva. Desistirá de su actitud agresiva.

3.- Una persona pasiva agresiva, hay que tratarla de una forma directa , escuchando con atención y contestando de forma firme y tranquilo , trasmitiendo confianza , con una actitud positiva y considerada.

4.-Llega una persona con una personalidad muy emotiva, la cual con los problemas de un familiar directo, da rienda suelta a sus sentimiento. Con este tipo de persona hay que ser muy empático, hacerle entender su dolor, en todo momento con una actitud compresiva. Escucharla y observando sus ojos y expresiones faciales, para en un momento de más tranquilidad, empezar con una conversación más positiva y ayudar a su tranquilidad personal con una actitud segura y positiva sobre el problema .

5.-Llega un joven hiperactivo, no se explica bien y se altera rápido. En este caso es la tranquilidad y el control es la arma del celador, se les explica que se calme, que lo escuchará, deja que hables y que se mueva hasta que se canse. Se mira a la cara para ver la expresión de los ojos, mas agachado y mirada distendida, manos quietas y voz pausada, para saber su estado más tranquilo. Se le indica que si es tan amable que se siente para tener una conversación más distendida y ofrecer agua o un refresco para enfatizar y entablar confianza Con estos gestos son suficiente para tranquilizar su actitud hiperactiva y nerviosismo.

6.-Llega un grupo de individuos indignados al hospital. Con diferencia a un individuo un grupo funciona de forma diferente. Lo primero se mira al grupo y se busca al líder o representante del grupo y se le pide amablemente, que nos acompañe a estancias más tranquilas y se les procura, atender, escuchar y se les tranquiliza, con una atención a su petición, lo importe es apartado del grupo, para evitar más conflictos, hablar con tranquilidad, haciendo entender que lo comprende y solucionando el problema en el tiempo adecuado.

7.-Una persona mayor que no se entera y llega asustada. Lo primero se saluda y se presenta, seguidamente, le pregunta sus dudas y se les acompaña a lugar requerido, se le busca un sillón y se les explica con señales y mirándolo a la cara con voz clara, la situación y el proceso de atención medica .Por último se despide cortésmente y se les comenta que esta para lo que pueda ayudar. Con esto conseguimos que se tranquilice, atienda mejor y se entere del proceso de espera y atención.

8.-Una persona llega al hospital y no pregunta nada después de estar un buen rato, es muy tímida. Lo primero es presentarse, preguntar en se le puede ayudar y se les indica el procedimiento de la duda de una forma cortes, rápida y concisa, para evitar molestar.

9.-Llega una persona drogada o ebria, cuyo personalidad llega alterada. La forma de proceder, es hablarle de forma contundente y segura, pero en todo momento cortes y respetuoso. Se le indica lo que tiene que hacer, para evitar que se descontrole por culpa de las sustancias sicotrópicas. Se les indica cada vez que sea necesario, que se tranquilice, se le mantiene un control en los ojos, pupilas, mano, cara y voz, para comprobar el estado de alteración. Se le mantiene hablando, sobre temas triviales en una zona tranquila y aislada, para que esté tranquilo, hasta la atención facultativa.

10.- Llega una embarazada, con contracciones y nerviosa, es primeriza. Se presenta de forma simpática y cortes, se le pregunta la edad, de cuanto esta, cada cuanto tiene las contracciones, seguidamente que respire hondo, que se relaje. Toda esta conversación se realiza mientras se lleva en una silla de ruedas a Ginecología. Todo para hacer más llevadero el camino y ella se sienta atendida.

ACTUACION DE FORMA ASERTIVA, DEPENDIENDO DE LA ZONA DEL HOSPITAL

-Como actuar en servicios de urgencias de forma asertiva.
Puerta de entrada urgencias, triage, espera en policlínica, espera de Rx, TAC, espera traumatología, consultas de urgencias, observación , quirófano de urgencias, críticos ,

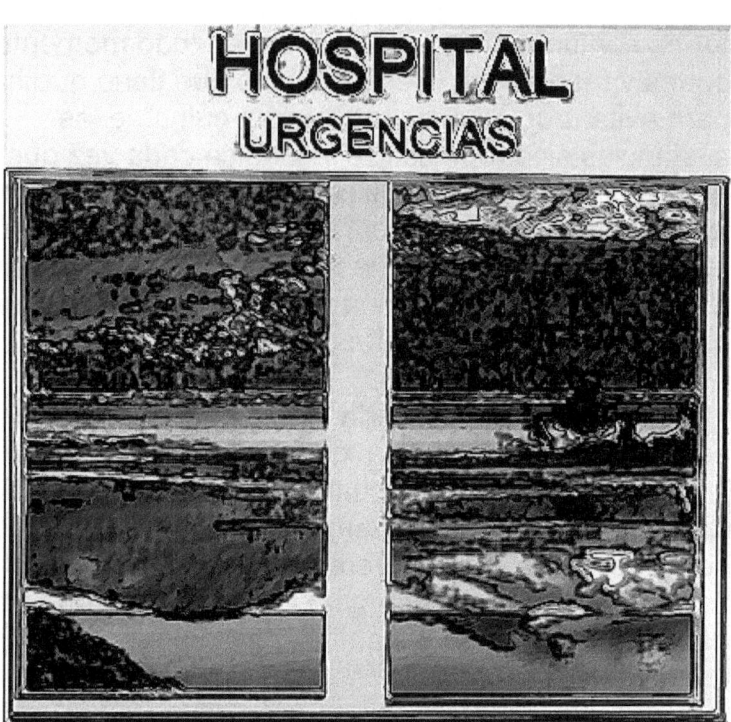

-Servicios de planta.
Planta de cardiología, medicina interna, traumatología, urología, maternidad, oncología, quemados, neurocirugía, cuidados paliativos, rehabilitación, geriatría, infecciosos y pediatría.

-Servicios de Radio diagnostico y radioterapia.
Rayos generales, scanner, resonancia magnética, radioterapia y medicina nuclear.

-Servicios de quirófanos.
Quirófanos generales, quirófanos de urgencias,

-Servicios UCI, RECU o (despertar).
UCI, Coronarias, trasplantes, generales, polivalente.
Recuperación.

-Servicios de Puerta principal.
Control de visitas, información al cliente.

-Servicio gimnasio de rehabilitación.

CENTRO DE SALUD.
-Entrada principal de centro.
Atención al paciente, atención de cita previa.

HOSPITALES

-Servicios de urgencias.

-Puerta de urgencias.

En este servicio dependiendo el hospital puede haber 1 a 3 celadores para atender a los enfermos para pasarlos a admisión y a triage. Si hiciera falta al enfermo se puede pasar a silla de ruedas o camilla.

Este sería un poco el trabajo en general, pero nos encontramos con unos extras del trabajo que hay que tener paciencia y mano izquierda serian los siguientes.

-Persona mayor que le cuesta trabajo expresarse y caminar

En este caso lo mejor es hablarle claro con frases sencillas con tono medio alto mirándolo a la cara e invitarle que se siente en la silla de ruedas para su mejor movilidad por el centro hospitalario. Con una sonrisa mientras se comunican se les hace más grata la comunicación.

-Muchacho joven que llega con una herida abierta en un miembro, alterado sin parar de moverse nervioso, comunicación escasa.

En este caso solo lo primero es tranquilizarlo, comentádole que lo atenderán rápido, que no se preocupe que está en buenas manos, con personal muy competente. Lo invitas a sentarlo en un silla de ruedas y le explica que por su bien, esta herido y que más vale Prevenir. Después se puede hablar de cualquier temas banal, coche, motos, internet, noticias, deportes, el tema es que no piense mucho donde está y la dolencia y empatizar con el enfermo.

-En algunas ocasiones llegan a la puerta de urgencia, algunos individuos gritando desde el coche llamando a grito al celador, para que acudan . En estos casos mantener la calma es importante.

El comportamiento serio, preguntado donde y quien es el enfermo y haciendo participe del enfermo al carrito y proponiendo que mientras que llevas rápido al enfermo a triage, que él entregue los datos correspondiente en admisión de urgencia. En muchos casos, con este proceder se tranquiliza el familiar.

-Familiar despistado, llega un poco perdido no sabe donde preguntar y si tiene un familiar ingresado en el centro, llegara más nervioso. Lo primero es presentase como celador y preguntar de forma concreta el problema. Si esta buscado una planta de ingresos, lo mejor es acompañarlo hasta los ascensores y explicarle según el numero de la habitación, en la dirección que tiene que tirar.

-Días de fiestas como la feria, esos días llegan personas bebidas. Esos días hay que doblar la paciencia, ya que entran algunos alterados por el alcohol, gritando, pidiendo que lo atiendan primero, que tiene sus derechos desde su punto de vista de alterado por el alcohol y de ahí hacerle entender que el tiene obligaciones como enfermo, a esperar su turno, que no grite para expresase y que no moleste al resto de los enfermos. Hay que repetirle tranquilamente sus obligaciones.

-Cuando llegan un grupo de personas muy nerviosas, porque su familiar está muy grave y lo lleva una ambulancia. En este caso llegan al Hospital en diferente momento. Lo primero es tranquilizarlo, que no pase a la zona de critico y que lo mantendrán debidamente informado en la zona de espera y en caso de consulta se les llamaría. Esto de una forma tranquila, firme y seguro, para transmitir confianza a la familia.

-Un usuario que llega con politraumatismo y muchos dolores, llega en una camilla de la ambulancia y hay que pasarlo a otra camilla la del hospital, no quiere que lo toquen por el dolor, se tranquiliza y se le explica lo que se le va hacer para pasarlo de camilla. Se colocan debidamente las camillas, una al lado de la otra y se pasa en bloque, rápido pero suave con la sabanas del traslado.

Por lo general en la entrada de una urgencia, la variedad de circunstancias que llegan los enfermos y familiares .Una buena arma de relación personal es la tranquilidad, la paciencia y hablar claro a la hora de comunicarse.

- Si en algún momento hubiera una pelea entre familiares o una pelea típica de una persona bebida en días de feria, lo primero es llamar a seguridad e intentar tranquilizar a las dos partes, hacerle de entender que está en un hospital donde se les ayudará, pero que con ese comportamiento no se llega a ninguna parte.
Por último, tranquilizar, informar, guiar, ser resolutivo y diplomático, son actitudes correctas en todas las circunstancia .

-Triage.

Es el lugar de valoración del enfermo en esta parte del hospital, hay que mantener la tranquilidad, el orden y atención de dudas, para que pasen en orden de llegada o por gravedad y al lugar donde se encuentra triage.
También hay que llamar a los enfermos de la zona de espera y cuando termine llevarlo o indicarle la dirección de la policlínica o zona de cuidados de espera. En esta zona del hospital los enfermos llegan también inquietos y con dudas, si llega preocupado, lo mejor es hacerle

entender que en cuanto pase a triage les resolverán las dudas. Si insiste en explicar sus dudas de su enfermedad se le escucha pero se les hace saber que sus dudas las tiene que resolver otros profesionales, principalmente el médico o sanitario encargado y que el cometido del celador no es ese. Hay que hacerle entender que la logística, movilización, información del centro y especialidades, son algunos de nuestros cometidos pero no el de comentar ni valorar ninguna enfermedad. Esto hay que comunicarlo claro y de forma directa, para que distingan las distintas especialidades de un hospital.

- **Espera de policlínica**,
Esta es una de las zonas del hospital más llenas de enfermos y familiares. En esta zona es donde más tiempo están los enfermos esperado, entre algunas circunstancias, tienen que hacerle analíticas, RX, Tac, Eco, RNM, EKG, con todas estas pruebas los enfermos tienen que esperar , en algunos casos hay que esperar muchas horas y si después de esperar hay que pasarlo a observación o a planta, estas personas esperan mucho más tiempo en la policlínica .
Los problemas principales son los de esperar con exceso y terminan enfadados, impacientes quejándose por todo para llamar la atención, gritando a cualquiera, comunicado su caso y incluso se puede extender por la policlínica las quejas en conjunto.
Lo principal es mantener informado a los enfermo, el porqué de la tardanza, que se tranquilice, que se le atenderá lo antes posible. Si el enfermo o familiar está muy estresado y comienza a dar voces. Lo primero es hacerle entender que está en una urgencia y no se puede

levantar la voz por respeto a los demás enfermos, lo segundo que en urgencias son muchos y se llaman por orden de gravedad, por lo que tendrá que esperar y tener paciencia, que se le atenderá lo antes posible.

Espera en RX, Tac y Eco.
En esta zona del hospital se está poco tiempo, por regla general, los usuarios llegaran preguntado por las pruebas, como son, cuanto tiempo dura, etc. En estas zonas lo principal es informar, mantener el orden de entrada y recordar a los enfermos que tengan varias pruebas seguidas, ejemplo RX y tac, pues se mantiene informado y se intentan que las pruebas sean lo más consecutivas posibles, para que los enfermos estén poco tiempo. En estos casos los enfermos no suelen quejarse y la comunicación es más fácil.

Espera de traumatología.
Esta parte del hospital, hay enfermos con piernas, brazos, manos y demás partes lesionadas o rotas, con lo cual están doloridos, impacientes, quejosos y algunos no se expresan bien por el dolor. En estos casos, la empatía, la atención sobre sus peticiones y tranquilizarlos es la mejor forma de comunicación asertiva sobre estos usuarios.

Espera de consultas de urgencias y policlínica.
Esta es una zona, suelen estar bastante inquietos, por la espera e impacientes. Hay que tener paciencia, hay que tranquilizar a los enfermos y ayudar todo lo posible a la rápida atención con la consulta y la policlínica.

Zona de observación.
Esta es una zona un tanto especial, hay que tener mucha paciencia y procurar tranquilizar en la medida de lo posible al enfermo y familiares.
Sobre los familiares, hay que comunicarle que la observación es una zona restringida y que solo se puede pasar a la hora de visita, hay que comunicárselo de una forma adecuada, si preguntase como está el enfermo, con buenas palabras y de una forma amable se le dice que en su momento saldrá el médico para informar a la familia sobre el estado del paciente y podrán consultarle todas las dudas y preguntas que tengan y el médico se las resolverá.

En otros casos el enfermo llama o pregunta a cualquiera que pasa por delante de la cama, reclamando información sobre su estado o resultado de sus pruebas complementarias, suele ocurrir ya que el paciente puede estar asustado o ansioso por saber el resultado de alguna prueba, también se le dira que el médico pasara a informarle cuando estén todos los resultados pero como celador en todo lo que podamos ayudar que no dude en llamarnos. Siempre hay que tener una buena disposición. A la hora de la visita hay que tener paciencia y tacto para comentarle a la familia que no se puede hablar en voz, alta porque molestarían a los enfermos, que solo puede entrar una sola persona y que vallan intercambiándose entre los familiares. Si el trato es correcto, no tendría que haber muchos problemas.

Quirófanos de urgencias

En el quirófano, lo principal es enseñar a los familiares, por donde entra el enfermo y por donde saldrá después de la operación y de la zona de despertar. En estos casos los familiares están muy nerviosos y preguntando constantemente, como esta, cuánto tiempo falta para que salga y como ha salido de la operación, en estos casos hay que informales que esas preguntas se las informara el médico, pero que en el momento que el médico lo diga saldrá y se les llevara para la planta. Que después de las operaciones el médico sale a informar. Después en la zona de despertar o recuperación, cuando el anestesista lo comunique, se podrá subir a planta. Mientras hay que esperar, se les comunica que las operaciones y el despertar del operado, no tiene unas horas fijas, unas personas duran más otras menos. Pero lo importante es que en la zona de despertar están bien atendidos. Por lo general con tenerlo bien informado con la logística del paciente en el hospital y la atención de llamar al médico cuando proceda.

También para subir al paciente a planta cuando esté listo. Es suficiente para que estén tranquilos.

PLANTAS DE HOSPITALES
Planta de cardiología,

En la planta de cardiología, hay que tener cuidado sobre todo con los ruidos, golpes, movimientos de muebles, camas, dar gritos. Es una planta donde la calma y la tranquilidad es lo que tiene que predominar. Si un enfermo está nervioso por algún motivo de incomodidad, alimentación, ruidos o cualquier otra cosa, lo primero es atenderle y tranquilizarle por su bien, no discutir para solucionar el problema. Comunicarle que por su bien, que no se estimule en exceso. Si fuera un familiar, lo primero sacarlo de la habitación para tranquilizarlo e informarle que dentro de la habitación hay que mantener la tranquilidad y un buen ánimo ante el enfermo.

Planta de medicina interna.

Esta planta de medicina interna, hay una gran variedad de enfermos, unos poco graves, jóvenes y otros mayores y con peor estado.

Hay que tener en cuenta en la habitación del enfermo y su estado, en esta planta puede ocurrir que te llamen porque un enfermo se queje de otro, porque el que está en mejor estado le molesta todo lo que hace el otro enfermo. Puede darse el caso que pida que lo cambien de habitación y al lado de la ventana y más. Lo primero que hay que comunicarle que él está en un hospital y que los enfermos se quejan, que todos tienen los mismos derechos y que no hay privilegios, porque todos son iguales. Al enfermo se puede intentar comunicar que porque circunstancias se queja, que si se le puede ayudar. En estos casos se cambia al paciente que se queja lo antes que se pueda para evitar más problemas.

Planta de traumatología.

En la planta de traumatología, los enfermos suelen estar doloridos, bien por la rotura o la operación. En estas habitaciones hay que tener mucho cuidado en la movilización de los enfermos y los traslados a otras habitaciones. También a la hora de quitar las tracciones.

Con estos enfermos si sueltan alguna impertinencia por un movimiento , no hay que tomárselo a mal, no darle importancia ya que los pacientes están muy doloridos. Las familias no suelen ser problemáticos por la planta.

Planta de urología.
En esta planta suele haber personas mayores, suelen tener problemas con las sondas y la intimidad a la hora de orinar.
Hay que tratarla con naturalidad y profesionalidad, si hay que cambiarlo de sabana o ropa.
Se hace intentando que se quede mucho tiempo desnudo y tapando con la sabana para hacer los cambios de pañales .Para que se encuentren mejor se puede hablar de noticias, deportes el tema que se olvide de los cambios de sabanas y el lavado en la cama.

Planta se maternidad.
Esta es una de las mejores plantas. No hay por regla general enfermos, las madres y familiares suelen estar muy contentos y positivos a todas las normas del hospital. Pero en estos casos, hay que ser simpáticos, felicitar por el nacimiento de un hijo. También hay que animar a las futuras madres, por el embarazo, con cosas sencillas, como la alegría de un hijo, la alegría de la maternidad. La cuestión es mantener una actitud positiva.

Planta de oncología.
Es una de las plantas más difíciles, hay que mantener el ánimo a los pacientes y hay que tener actitud positiva hacia los enfermos, ayudar en todo lo posible a los

familiares y enfermos. A los familiares que estén enfadados, nerviosos, hay que tener mucha paciencia y dejar que se desahoguen y se expresen, después es muy posible que se tranquilicen y se pueda hablar con serenidad. Hay que tener en cuenta que planta de este tipo una buena actitud ayuda a la cura.

Planta de quemados.
En la planta de quemados, es donde se encuentran personas en estado de insolencia y malas formas, a la hora de intentar llevar una relación enfermo profesional. Provocado por los dolores de las quemaduras , cuando se les va a cambiar las sabanas, la curar las heridas es cuando más protestan lógicamente pero también para cualquier otra cosa, pedir agua, orinar, pedir ropa, poner la tele en volumen alto o bajo. Bueno lo principal son grandes dosis de paciencia y no contar los malos modos, pero repetir que la tranquilidad y respirar hondo antes de contestar de malas formas.

Planta de neurocirugía.
Es una planta dura, los enfermos no suelen dar problemas, las principales causas de problemas son los lavados de los enfermos, los cambios postulares, levantar de la cama y estos son problemas, por los que llaman las familias, si hay mucho trabajo y poco personal. Protestan por no acudir con rapidez o cuando ellos quieran, tantas veces como quieran. Pero eso es muy difícil, se intenta explicar y algunas veces no lo entiende, increpan a todos, lo mejor tranquilidad y hacerle entender que hay los medios que hay. Lo mejor es la cooperación y la espera

hasta que llegue su turno, que haya más personas esperando y que todos tienen que ser atendidos.
 Todo esto con autoridad, pero con respeto y tranquilidad.

Planta de cuidados paliativo.
Es una planta muy difícil con particulares, es una planta que hay que estar muy entregado, ayudar al enfermo todo lo posible, animarlo todo lo que se pueda. Hablar de temas cotidiano, se lo mas cariñoso posible, ser amable y compresiva con la familia y hacer la estancia a los enfermos y familiares lo más agradable posible.

Planta de rehabilitación.
En esta planta hay personas que llevan mucho tiempo en las camas. Hay que motivarlas para que se esfuercen lo más posible en moverse y se levanten. Hay que ser enérgicos con ellos, hasta el punto de motivarlos con bromas, si hiciera falta. Las familias no suelen dar problemas, están acostumbrados a cuidar a los enfermos y suelen ser muy agradecidos.
 Con todos los cuidados que le da el hospital a los enfermos. En estos casos la empatía la amabilidad y ayudar todo lo posible a las familias, son toda la comunicación asertiva necesaria, para una buena convivencia.

Planta de geriatría.
En esta planta lo principal es llamar al enfermo por su nombre, saludarlo todas las mañanas, preguntarle cómo se encuentra y que le ha dicho el médico esa mañana, pero de una forma personal, hacerle saber que somos los

celadores y nos interesa su salud. Como si fueras sus amigos.

Eso con el tiempo crea vínculos positivos que hace la convivencia más agradable, tanto para el enfermo como para el trabajador.

Esta es una planta , que lo principal es la compañía personalizada para el enfermo , aunque sea unos minutos al día , cuando llegue el día siguiente estará esperando la llegada del celador para un rato pequeño de charla. Normalmente la familia suele ser muy agradecida y no suele dar problemas. Pero los familiares que más reivindican que los cuiden de malas formas y exigiendo, suelen ser los ancianos peor cuidados por dejadez de los familiares.

Lo importante es hacerle entender que a las personas mayores hay que cuidarla todos los día un poco, para que no acumulen problemas por falta de higiene , deben tener las sabanas limpias y bien tersas para que no le salgan úlceras de presión. Esa información debe de darla el médico a los familiares. Pero como los celadores debemos de fomentar la prevención para la salud, podemos indicar uno consejos de limpieza y preparación de las camas.

Planta de infeccioso.
En la planta de infeccioso, hay que estar avisando a los familiares, para que se cubran al entrar en las

habitaciones con aislamiento. Que no se acerquen mucho a los enfermos, que no metan comidas, que se pongan bien las mascarillas, las batas, los cubre zapatos y guante.

También indicarle que se quiten toda la ropa de aislamiento antes de salir de la habitación, en el pasillo y contenedor habilitado para el cometido.

Estas normas pueden poner inquietas o reivindicativo por tener tantas normas, pero hay que hacerle entender que es por su bien y por el de todo el mundo, por que ellos pueden contagiar a familiares amigos o a cualquiera que se cruzan con ello, si no cumplen las normas habría que hablar con dirección y no dejarle de pasar a aislamiento. Normalmente no suelen dar problemas los familiares de infeccioso y se dejan de asesorar con buena disposición.

Zona de UCI y Recuperación.

La UCI es una zona donde el enfermo llega en condiciones críticas y sus familiares están muy nerviosos, quieren preguntar constantemente, incluso de la propia familia vuelven a preguntar en minutos, porque no se quedan tranquilos. También intentan colarse en recinto aislado de la UCI. Ante estas circunstancias, hay que explicarle primero las normas y las horas de vistas, tanto para ver al enfermo como, la ropa estéril, gorro, bata y platicos, para mantener el estéril. Ante familiares excesivamente nerviosos y no escuchan. Lo mejor es dejar que se desahoguen y seguidamente con un tono tranquilo se le explican el las dudas y normas del hospital. En la zona de Recuperación también pasa lo mismo, porque el enfermo a salido de una operación y está en una zona aislada y los familiares están nerviosos, esperando noticias y se ponen impaciente con facilidad .en estos casos lo mismo que en la UCI, con otra salvedad, que cuando el enfermo sale para la planta, no hay que molestarlo, se encuentra débil y le molestan los ruidos las aglomeraciones al lado de la cama o en el cuarto. Por lo que estas circunstancias hay que explicárselas.

Por el bien del enfermo.

En coronarias, hay que informar a los familiares que no hablen en voz alta, que no pongan nerviosos a los enfermos y no obligarle que hable en exceso.

Procurar que si hay un familiar se pone un poco nervioso y no atiende a razones es importante, sacarlo de coronaria para que se desahogue y no moleste a los enfermos.

En la zona de la UCI de trasplante, la actuación más importante es , evitar que pasen a la zona de aislamiento sin la ropa apropiada y también que no pasen fuera de las horas de visitas. Sobre todo hay que tener en cuenta que dicha zona tiene que estar lo más limpia posible de patógenos, por que los enfermos están muy delicados por el trasplante y la medicación anti rechazo.

Puerta principal de entrada.

En esta zona son de las más conflictivas dependiendo de los días, sobre todo el control de visitas.

En el control de visita hay que tener que informar sobre los horarios y normas del hospital. Pero hay personas que por indicarle algunas normas, se indignan, en estos casos

que son pocos, lo mejor es no perder los nervios y cuando se calme, se le indica que son las normas para todos, una cuestión de logística y convivencia.
También se les hace entender que se exprese con libertad pero sin insultar y por último se le advierte, que si sigue con una actitud agresiva, habría que llamar a seguridad y no sería bueno para él. Estos casos son pocos y sobre todo no perder la calma, una actitud respetuosa y firme haciendo entender que las normas son para todos.

La parte de información al cliente, en este servicio hay que tener mucha más paciencia, escuchar con atención, acompañar a los mayores, se corteses y serviciales. Estas actitudes, evitan problemas de comunicación y el trabajo se hace más fácil.

Gimnasio de rehabilitación.
En esta zona hay que esforzarse, sobre todo muscularmente. Hay que levantar a los enfermos colocarlos en las maquinas, ayudar para que anden. Hay que tener mucha paciencia, suelen estar anquilosado y dolorido se quejan mucho, lo mejor es animarlo y felicitarlo por los progresos. Con estos pequeños cuidados los enfermos suelen responder bien y se relajan.

Centro de salud.
En los Centros de Salud, están siempre llenos de enfermos de todas las edades, por regla general suele haber más personas mayores.
Los centro de salud donde hay celadores, suelen ser de los pueblos y con servicios de urgencias.

Aquí unos de los lugares con más paciencia, es dando pases de cita previa. Como suele haber muchos usuarios , tienen que esperar mucho y alguno se cuelan, creando problemas en las filas de espera, si a esto unimos que algunos quieren las citas , día, hora, minuto y segundo que le interesa y hay que explicarle , que hay un numero de citas y que será lo más cercana posible a la fecha que requiere.

Bueno en estos Centros hay que ir con los nervios descansados, mucha paciencia y explicar todo una y otra vez, las personas mayores le cuesta más trabajo enterarse, de donde hay que hacer las pruebas, el día, donde está el lugar. Pero si se le hace una nota con todo ellos se quedan más tranquilos y con el tiempo en un pueblo, las personas si el servicio es bueno esperan con más tranquilidad.

COMPORTAMIENTOS POCO SOLODARIOS DE ALGUNOS USUARIOS.

Porque de algunos comportamientos no solidarios en Hospitales.

En los hospitales hay que tener muchas paciencia con los enfermos y familiares, hay que mantener la calma y tener empatía , pero de una forma profesional . Dependiendo de las circunstancias hay una gran variedad de actuaciones.

Hay conjuntos de técnicas para tranquilizar a los usuarios, pero el sentido común y el trabajo bien hecho es la mejor arma para el celador.

61

Hoy en día las urgencias están muy saturadas de paciente al igual que los centros de salud. Los usuarios lógicamente se cansan de esperar y algunos protestan. Estos como las colas en algunos servicios de atención primaria, hacen que personas protesten.

Hay que concienciar que tienen que ser paciente por el bien de todos, también hay que hacerle entender que es mejor poner una reclamación o un consejo para mejorar en atención al usuario, por que cuando una población protesta por un servicio que hace falta más personal y mejores instalaciones al final la administración hace frente a dichas protesta de los usuarios mejorando los servicio. Sin embargo los gritos, malas formas, falta de educación, exigencias fuera de contexto, no soluciona nada. Esto hay que concienciar a la población o usuarios, para mejorar las asistencias hospitalarias.

Otros comportamientos de los familiares los cuales hay que prevenir , es cuando fuera de las horas de visitas hay una gran cantidad de familiares en una habitación , molestando a otros enfermos , entonces llaman a un vigilante o a un celador para que desalojen a los familiares , en ese momento hay familiares que se siente que se invaden sus derechos y se pueden poner irascibles , lo cual no es muy agradable no se puede echar del hospital a no ser que se pongan agresivo y entonces se llamaría a la policía . En este caso lo mejor es hacerle entender al grupo que es por el bien de los enfermos y no ser muy restrictivo, para que no se sientan que sus derechos afectados. Pero hay que hacerle entender que ellos también tienen que cumplir unas normas.

Dependiendo de las personas y sus caracteres, las relaciones ante una misma circunstancias las formas de reaccionar son diferente hasta llegar al punto de unos parasen impasibles y otros no paran de llorar, unos te dan las gracias y otros te increpan.
Lo cual nos hace estar atento al individuo que expresa sus dudas de diferentes formas, para evitar problemas, hay que responder con atención y adatándose al carácter, dicho de otra manera, mucha paciencia.
Las personas positivas y asertivas, son más fáciles de tratar, por regla general y entienden con facilidad las normas y formas de actuar con empatía . Estas personas no suelen dar problemas de exponer dudas o problemas con diplomacia y suelen ser mejor atendido.

PROBLEMAS GENERALES HOSPITALARIOS Y SOLUCIONES ASERTIVAS PARA UNA MEJOR SANIDAD.

-En la actualidad los servicios están muy colapsados, pero estos son ciclos que con el tiempo mejora.

-Con lo que hay que contar es con el material personal y su formación, lo más eficiente y humana.

-Los medicamentos hoy en día son casi todos genéricos y los enfermos tienes preferencia por unas marcas concretas. Hay que hacerle entender que el medicamento los paga el estado y que en época de crisis, los genéricos son más baratos y son igual de eficaces.

-Las ambulancias estas sobre saturadas, hay muy pocas ambulancias y muchos enfermos que desplazar. Por falta de hospitales en general en muchas comunidades. Lo cual hace que una parte de la población hay que llevarla hasta los hospitales. Esto genera incomodidades y muchas horas de espera. Este tipo de problemas se arreglan normalmente, cuando los problemas llegan a los medios de comunicación, protestas generalizadas que salen en los medios y en elecciones de un nuevo gobierno que arregle, lo que el otro dejo regular. Dicho de ciclos de más dinero mejores medios, poco dinero llegan los problemas.

-Problemas con la sobrecarga de enfermos y espera de urgencias. Muchos usuarios protestan que porque no se le atiende a ellos antes, porque pagan impuestos que a otros que no pagan nada y están de ilegales o indocumentados , también quien vienen de otros países para no pagar la sanidad y aprovecharse. Esto es una realidad y hace que la sanidad sea más complicada e injusta para los usuarios que cumplen todas las normas desde siempre y hace que otros con malas artes poco sociales se aprovechen del sistema. Pero la sanidad es libre lo cual es bueno porque llega a todas las personas por Igual independiente a toda razón social. Lo cual es muy bueno y lo mejor es concienciar que la sanidad hay que cuidarla por todos sean de la razón social que sean.

-Se cuidaría, no pidiendo medicación innecesaria, no llegar a urgencias por motivos de ambulatorios, llamar a las ambulancia por no llamar a un taxi, pagando los impuestos, si vienes de viaje o indocumentado, pues pagar en la medida de lo posible a plazo y con buena disposición de colaborar con el país de acogida, siempre en medida de su disposición económicas.

-Otra forma de arreglar muchos comportamientos poco cívicos y de salud, es la promoción a la salud.
Todo celador debe de informar a los usuarios, que una buena dieta, buenos hábitos deportivos y de sueños, son elementos fundamentales para evitar muchas enfermedades.

-Otro problema de comunicación, es tener bien cerradas o señalizadas las puertas a zonas especiales en los hospitales. Porque algunas personas andan por el hospital como si fuera por su casa y entran en zonas de quirófano, aislamientos, observación, con lo que hay que indicarle que por esas zonas no pueden pasar , pero muchas veces hacen caso omiso a las indicaciones , teniendo que llamar a seguridad y dando un carisma más serio. Por lo que hay que ser insistente, pero las zonas tienen que estar bien indicadas para que no tengan escusas.

-Un problema muy típico en las plantas, son los familiares que llevan comida al enfermo. Lo mismo el enfermo le hace falta una dieta o no puede comer. Con lo cual se genera un problema. Si se indica que eso no se puede hacer por el bien del enfermo y se les explican las razones como que va a ser intervenido y debe de esta en ayunas. Que por la enfermedad que tiene solo puede comer dietas. Resulta que algunos se molestan e increpan a los sanitarios y hacen lo que quieren. No son muchos, pero se hacen de notar. Lo mejor tener carteles e información anticipada, también normas disuasorias como multas. Eso con el tiempo hace que la ciudadanía más problemática, terminen por comprender las normas.

Unos de los problemas más complicados, en todos los hospitales en general y en urgencia en particular son los días de feria o festivos las personas llegan bebidas o con algunas sustancias psicotrópicas . Con lo que llegan alterados, agresivos, intolerantes, hay que tener mucha paciencia y hacerle de entender que está en un hospital, que no debe de molestar a los enfermo. En teoría terminaría la discusión, si siguiera por que la persona que se encuentra ebria y no es consciente de su insistencia, para que no suba el nivel de la discusión , lo mejor es llamar seguridad y con todos intentar de tranquilizar y concienciar de su estado y su responsabilidad . En estos casos es suficiente y si no fuese suficiente habría que llamar a la policía.

- Las noches en fin de semana, también hay más complicaciones, la diferencia es que hay menos personas, que en días festivos o ferias. También hay menos personas ebrias. De todas formas hay que tener paciencia y dialogo.

-Hay casos un tanto raros, como que un día de feria especialmente concurrido en la zona destina en la feria en grandes poblaciones se lía una pelea en dos grandes grupos sociales algo conflictivo, de los dos grupo queda gente herida. Pues las ambulancias que recogen a los heridos por las peleas lo llevan al mismo hospital y los grupos de ambos se ven en la puerta del hospital y se vuelve a liar otra pelea, pero esta vez en una zona más problemática porque hay enfermos, personas Mayores, etc. En estos casos lo mejor es llamar a la policía y después calmar los ánimos, haciéndole entender que estamos para ayudar y atenderlo, pero que a cambio tienen que ser cívicos y pacientes. Después de unas circunstancias de tensión y la llegada de la policía y la ayuda de los trabajadores con profesionalidad no suele haber muchos problemas.

-Otras circunstancias también que también dan problema en un hospital, pero son raras y ocasionales, es cuando se genera una huelga o una manifestación en una población grande, de buenas a primera se genera una cantidad de incidentes con heridos de todo tipo, llegando al colapso del hospital, en este caso lo mejor es organizar bien el personal, colocar a los enfermos por orden de gravedad , hacerle entender a los enfermos que tenga menos gravedad , que se entrara por orden de gravedad, que tengan calma sobre todo con las largas esperas en urgencia y que hagan sitio para los enfermos que lleguen. Que los familiares de los enfermos, se vallan a las zonas de esperas habilitadas para los familiares, dejando al resto de la policlínica y triage mas despejados para los enfermos. El problema vendría del acompañante del enfermo que no se querría ir, pero hacerle entender que hay muchos heridos y lo principal son los enfermos, normalmente se aguantan y no suelen dar problemas

-Otro de los problemas son los de comunicación. Llegan personas de muchos países y muchos no conocen bien nuestro idioma. Por lo que no se enteran de nada, lo cual le crean problemas de comunicación, lo que puede llegar a ocasionar momentos de mal humor.
Para evitar estas circunstancias, es llamar a un traductor y si sabe un poco de español, hay que explicarles lentamente, pronunciando bien y repetir las veces que sean necesario.

-También hay personas muy mayores, que son de comunidades muy concretas que tienen un acento muy pronunciado y hay que explicarle las dudas con ejemplos y repitiendo varias veces para que se enteren de cualquier tema.

-Se puede dar el caso de que una persona llegue de otro país, para que le atienda de una enfermedad particular y quiere una atención rápida personalizada, porque ellos han recorrido un largo viaje. En este caso la diferencia de idioma o que el español no lo entiende bien y se cree que la sanidad Española es gratis para todo el mundo. En este caso, hay que explicarle que la sanidad Española es de pago. Pero para los españoles no tienen que pagar porque se lo descuentan de las nóminas.
Pero para los extranjero es de pago y que dependiendo lo que tenga tendrá que esperar a la lista de espera que

haya en ese momento y que en urgencia solo de atiende las urgencias, pero no enfermedades de más larga duración . Esto por regla general lo tienen que explicárselo el traductor y en Atención Ciudadana para que sepa el funcionamiento de la Sanidad Española.

-Otra de las circunstancias las cuales hay también tener paciencia, son las temporadas de Epidemias estacionales como la gripe o alergias. Estos días las urgencias se llenan mucho y cuando llevan mucho tiempo esperando y con las molestias de la enfermedad se ponen muy impertinentes algunos enfermos o familiares.
Hay que hacer mucha terapia de información, lo típico que hay mucho, que se entra por orden de gravedad y que se le atenderá cuando le llegue su turno. Que tengan paciencia.

-Hay algunas personas cuya prepotencia y falta de educación o con algún problema de superioridad, que cuando llega a la puerta de una urgencia y desde la puerta gritando con malos modos y sin educación, para que le traigan un carrito.
Resulta que la persona la cual se le presta el servicio no tiene problemas de movilidad, fiebre o tener mucha edad, simplemente, que no tiene ganas andar hasta la urgencia y después a la zona de espera y exige que después se le cuele por delate de todo el mundo. En estos casos hay que dejarle muy claro que estamos para servir, pero no para su servilismo particular lo cual puede ser vejatorio y un insulto, lo cual puede llegar a ser un delito y hacerle entender que él es uno más de muchos y que tendrá que esperar como los demás. Hacerle entender que somos

todos iguales. Que si tiene alguna queja lógica y que nos menosprecie a los demás, pues que tiene toda su libertad. Pero que si siguiera con un comportamiento amenazador con prepotencia, se llamaría a seguridad para que no se atente a la seguridad del personal y usuarios.
No es normal encontrarse con personas con tan mala educación, no hay que perder la tranquilidad, decirles sus derechos y obligaciones y que el respeto es fundamental para la convivencia.

-Otras de las circunstancias más comunes por las mañanas y tardes de los lunes, es la gran cantidad de enfermos en urgencias . Las razones son muchas, personas del fin de semana, algunos que se llegan para pedir justificante de enfermedad urgente para el trabajo, otros esperan al lunes, porque el fin de semana no pueden. La cuestión es que los lunes hay más enfermos, que muchos Sábados y Domingos. En los lunes todos quieren terminar muy pronto, pero eso es imposible al tener que esperar durante horas empiezan con las exigencias injustas y los malos modos.
En estos casos de forma tranquila pero eficaz se mira su petición y si no es realmente de urgencia, que solo tiene una cefalea y quiere un justificante hospitalario. Hay que decirle que tiene que esperar porque en los hospitales se atiende por orden de gravedad. Lo normal es que se conformen.

-También otros problemas dentro de un hospital, por la mañana las consultas externas,   que también los lunes están llenas las consultas, ahora muchas veces las citas te la dan   por teléfono y te dan la hora, pero no tienes un numero físico, lo cual facilita para que se cuelen algunos no muy cívicos y creando problemas con los que están por delante.

La forma de solucionarlo es llamándolo por orden, desde la consulta y avisar que hay un control de llegada en la mesa de la entrada. Para pedir un justificante para el pase. De esta forma se soluciona que se cuelen.
Esto normalmente se comunica y desaparecen los problemas.

-Durante la noche a horas como las 2 o 3 de la madrugada, te encuentras a una persona dando vueltas por dependencias cerradas con una pinta una tanto rara, se le pregunta que donde se dirige .
Si no pregunta por la puerta de urgencia, salida o alguna planta, lo mejor es llamar a seguridad y que se encarguen de preguntar, no interesa un enfrentamiento directo ya que podría ser un delincuente, el cual el intentarlo ayudar si esta perdido no sirve para nada. En estos casos si ya se saben que son delincuentes, toxicómanos habituales lo mejor es llamar a seguridad, si antes que llegue, si se ve que está molestando algún enfermo.
Hay que dirigirse y hacerle de entender que esta molestado a los enfermos, que si esta malo, que se siente y espere como los demás, que si da problema llamara a la policía. Si en ese momento se pusiera violento. De forma contundente , decirle que no empeore las circunstancias y que no se ponga violento , que si hace algo más, pasara de una falta sin importancia a un delito, la agresión verbal como física a un funcionario del hospital es un delito.

Todo esto se dice de forma calmada y con respeto a forma de información. Lo más normal es que desista de su actitud.

-Otro problema típico dependiendo de la población , los enfermos que llegan con toda la familia, pero toda, algunas veces más de 30 personas, desde que llegan a urgencia dando problemas, discutir con el personal para que lo atiendan antes, si no amenazan . En estos caso se les avisa una vez y se les invita que esperen en las zonas habilitadas para los familiares y que no griten que es un hospital. Si no hacen caso y se ponen agresivos, no enfrentarse llamar a seguridad a la policía y cuando lleguen se les explica la problemática. Muchas veces no tienen ni DNI o seguridad social y pueden agredir o intentar de robar al hospital o a los enfermos, lo mejor es informar a la policía de los incidentes y explicarle la cantidad de personas que son, para que lleguen los policías necesarios. Para evitar problemas.
No suele ser muy típico que lleguen tan lejos los familiares, pero suelen dar problemas menores. La misión del celador es informar bien a los familiares y seguridad y policía si fuera necesario.

--Nos damos cuenta que hay muchas circunstancias las cuales dificultan el trabajo, pero son cuestiones de la profesión, pero no hay que desanimarse, porque el bien humano que se consigue no tiene precio y motiva. En un hospital somos un grupo multidisciplinar y todos son muy importantes desde la limpiadora que hace que los virus y baterías no se extiendan por el hospital, los pinches que llevan las comidas, sabanas, mantas, los peones que mantienen paredes, puertas, pintura, nuevas. Los celadores prácticamente toda la logística en todas las zonas del hospital, auxiliares, mantienen limpios a los enfermos. ATS que suministran medicación y curan heridas y los médicos que dan diagnósticos. Bueno todo son importante por lo que es muy importante ser profesional.

En estos días, llegan muchas personas de todos los países del mundo y traen enfermedades que aquí no son comunes. A estas personas hay que mantenerlas en aislamiento, por lo que desde que entran al hospital y se hace un predianóstico, se le pone una mascarilla. En ocasiones no entienden nuestro idioma, hay que hacerle entender que cumplan las normas de seguridad, para que no se extienda la enfermedad.

-Otro de los problemas, que se enfrenta un celador, puede ser con los compañeros de todo el Hospital, en estos casos tampoco hay que discutir, simplemente, hablar con tranquilidad, nunca enojarse, para dar siempre una actitud profesional. Es muy importante tener una buena actitud con los enfermos, familiares y compañeros, se lleva mucho mejor la convivencia. En general una buena disposición ante los problemas ayuda, a su resolución.

-En general, trabajar un hospital es un lugar donde llegan todo tipo de colectivos, pero hay que tratarlo de forma personalizada lo cual no es fácil y hay que ponerle vocación con una buena cantidad de ganas. Otra de las cuestiones que no hay que pasar por alto, es la concienciación, mediante los medios de comunicación, anuncios, películas, políticas y culturales, que los hospitales y sus trabajadores son un gran capital que hay que cuidar, de las siguientes formas,

-No pedir medicinas innecesarias, en muchas ocasiones, algunos usuarios piden más medicamentos de los que se necesitan, eso crea un gasto innecesario . Hay que utilizar solo lo necesario.

-No llegarse a urgencias sin motivos de gravedad. Muchas personas se llegan a urgencia, por una pequeña herida, una uña rota, resfriado común sin gravedad, un pequeño golpe en el dedo. Pudiendo llegarse a su médico de cabecera y no colapsar las urgencias.

-No hacer mal uso de las instalaciones. Hay individuos que dan portazos, patadas a las puertas, se llevan las sabanas, arañan las paredes con bolígrafos u objetos punzantes, malgastan papel, vendas, apósitos, pañales y todo lo que pueden pedir bajo excusas.

-No pedir ambulancia sin necesidad. En muchas ocasiones se llaman a ambulancias como si fuera una cuestión muy grave, cuando llega la ambulancia y el facultativo mira al teórico enfermo y no tiene nada. Una ambulancia fuera de servicio y una persona que lo necesite tendrá que esperar, porque hay una cantidad limitada de ambulancias.

-El control de acceso a los servicios sanitarios, al personal que tienen que pagar los servicios, por no ser comunitarios o turistas y todo aquellos que tengan que pagar los servicios sanitarios, por no estar dentro de la seguridad social.

Este tipo de problemas suele ser muy común, pero los celadores lo único que podemos hacer, es ayudar para que toda las masificación de enfermos, en los hospitales sean atendido lo mejor posible e informar que en la sanidad, hay servicios que no puede prestar por estar saturada.

-Los usuarios de los hospitales, llegan con todos tipos de problemas, pero en muchas ocasiones no son los enfermos los causantes del trabajo o problemas en los hospitales. Dichos problemas los dan los familiares, llegan hasta el punto de pedir comida, una estancia en el hospital para dormir, ropa y medicinas. Todo esto no para el enfermo sino para ellos, los familiares. Al informales que esa asistencia ni lo cubre la sanidad, se enojan, protestan, exigen. Pero son servicios que no se cubren. Lo importante es informales de las coberturas, si no la tuviera a mano la información, se acompaña hasta Atención Ciudadana. Para informarles de las cobertura, pero indicarle que siempre es para el enfermo. Insistirle que la Sanidad Española es una de las que más coberturas tiene. Por regla general no habría mucho problema.

-La sanidad Española, es universal, es una de las mejores del mundo. Pero los gastos que generan son muy altos por una mala gestión y ahora el gobierno esta regulando los gastos para poder continuar con una buena sanidad. Por ejemplo los de farmacia más medicamentos genéricos. Hacer un copago con el uso de las ambulancias, exentos los urgentes. No permitir que vengan de Europa a operarse gratis. No permitir la reagrupación de familia en una sola cartilla a los extranjeros, para evitar que vengan de otros países a operarse gratis y pagar la Seguridad Social y los impuestos a los extranjero para acceder a la sanidad. Con estas medidas y algunas más quieres reducir gastos de Sanidad.

Lo que pasara es que durante un tiempo protestaran los usuarios, sobre todo los extranjeros que ahora se le exige más, con lo que tendremos problemas para explicarle que hay servicios que ya no se les puede aplicar y que tendrá que pagar por los servicios prestados. Imaginaros que vienes un extranjero de otro país, porque en su país cuesta caro un servicio médico o tiene que esperar mucho. Llega a España y exige la prestación porque viene de muy lejos. Ahora intentar hacerle entender, que ya no se les puede atender, creara un problema de comunicación, el extranjero se pondrá rebelde, agresivo, dirá que no lo entiende como que se le atiende y lo mismo pierde las formas. Nosotros los celadores lo único que podemos hacer es tranquilizar, explicarles las nuevas normativas hospitalarias, ayudar a nuestros compañeros e intentar concienciar a los enfermos extranjeros con las nuevas normativas.

Cuando un colectivo durante años se acostumbran a unos servicios, teóricamente para ellos gratuitos y de repente se los quitan o los hacen de pago, pues algunos protestan, creando circunstancias muy delicadas. Lo cual hace el trabajo más difícil. Una de las formas de hacer bien nuestro trabajo es informar al usuario todos los días, para que con el tiempo se conciencien. Es importante que los medios de comunicación, ayuden a la información de las nuevas normas Hospitalarias.

Para mantener una buena sanidad, entre todos tenemos que cuidarla, pero todos, usuarios, personal, políticos, medios de comunicación. Para intentar tener una buena sanidad pública para todos los Españoles.

Cualquier cambio, que se realiza en un hospital, son cuestiones que hay que explicar, con el tiempo los usuarios se acostumbran y el problema desaparece. Un ejemplo, algunos usuarios entran en las zonas restringidas, como no había manera de concienciar a esos usuarios. Se tuvo que colocar una puerta de cristal, para que no pasaran más. Pues al principio protestaban por no pasar y se les explicaba, que no se podía pasar, para mantener estéril la zona y tranquilos a los enfermos. Al cabo de un tiempo se acostumbraron y no volvieron a pasar. Es una cuestión de concienciar con diferentes métodos, hasta enseñar a la población. Lo que quiere decir todo esto que cualquier cambio, al principio puede dar problemas y durante ese tiempo tenemos un trabajo más difícil y hay que tener más paciencia.

Hasta ahora , se está explicando donde se pueden generar circunstancias conflictivas, provocado por el lugar, la actuación del usuario, no cumplir las obligaciones del usuario, el desconocimiento de las normas, la masificación en las urgencias y los cambios de legislación sanitaria entre otras. Pero no son solo estas las circunstancias por la cual, hay que tener una comunicación asertiva, que a fin de cuenta es entender al usuario aunque esté equivocado y ponerse en su lugar. Pero esta comunicación asertiva es hacerle saber al usuario que tiene que seguir las normas.

Pero no toda la comunicación asertiva, tiene que estar dirigida a corregir o informar a los usuarios. Si no también a promover una vida sana.

-Por ejemplo, en los centros de salud primaria, en conversaciones comunes con los usuarios si da paso al tema, comentarle sobre.

PROMOCION POR LA SALUD
Alimentación, medicamentos, vacunación, tiempo de ocio, ergonomía.

Alimentación. Por ejemplo, un bocadillo de jamón o de atún es más sano que un dulce o bollería industrial. Que un zumo de bote no es más sano que un batido de chocolate o vainilla. Que el desayuno tiene que ser unas de las comidas más fuerte y la cena más suave, que la fruta tomada entre comidas , es cuando más nutre, no se debe de tomar bebidas carbonatas en aseso, se tiene que comer casi todos los días fruta, verduras y legumbres. Estos serian unos cuantos consejos que se les podrían dar a los usuarios. Una buena alimentación previene muchas enfermedades.

Medicamentos. A los usuarios, que no se deben de almacenar medicamentos, no tomar medicamentos por consejos de amigos, o que han leído por internet, que se tome cierto medicamento. Tampoco regalar o tirar los restos de los medicamentos a la basura ya que pueden contaminar los ríos, hay que depositarlos en los puntos adecuados para este fin que se pueden encontrar en las farmacias..

Vacunación. Aconsejar que sigan el calendario vacunal para niños y ancianos. Más vale prevenir que curar. También que sigan las vacunas para gripe y algunas alergias.

Tiempo de ocio. Aconsejar que el tiempo de ocio, se camine, se haga un poco de deporte como bicicleta, natación, senderismo. No estar demasiado tiempo sentado en el sofá viendo la televisión o los videos juegos. Hay que combinar los tiempos e invertir en una vida más activa y menos sedentaria.

Ergonomía. Aconsejar que se sienten correctamente, con la espalda derecha y los pies en alto. Que cuando cojan algún objeto del suelo con cierto peso flexionen las piernas. Cuando estén delante del ordenador apoyar bien los brazos y las muñecas, mantener frente a la cabeza sin forzar el cuello por el monitor y cada dos horas estirar unos minutos las piernas.

Estos serian unos cuantos consejos de vida sana o promoción a la salud. Hay que pensar que una vida sana y una buena actitud hace que las personas se pongan menos enfermas. De esa forma mantener un buen sistema de salud universal, sería más sostenible y completo.

PROBLEMAS CULTURALES E INTEGRACION.
Las personas se pueden sentir discriminada por muchas y variadas razones, las cuales no sean reales. Por ejemplo,

-Una persona que no ha dormido y durante el camino a tenido problema con el tráfico y la policía lo para y le pone una multa. Cuando llega al hospital para visitar a un enfermo, puede venir predispuesto a tener un enfrentamiento por cualquier razón.

-Otra persona que viene de lejos y llega cansado, no entiende bien nuestro idioma y está mal informado, pues muy fácil que pueda perder la compostura cuando se les informe de alguna cuestión .

-Otra persona está trabajando durante muchas horas sin parar haciendo muchas guardias, cuando llega a su casa para dormir de día , después de unas semanas muy duras y cuando se va a dormir están haciendo obra en su calle.

Pues esta persona si tiene que llegarse al hospital, para cualquier cuestión y para resolver un problema tiene que dar muchas vueltas, no sería muy raro que se molestara y se pusiera enfadado.

-Otro individuo que está en una feria y bebe en exceso, la policía le retira el coche le pone una multa por beber conduciendo .Esta persona llega muy tarde y ebrio al trabajo, decide llegar al hospital para pedir un justificante y un informe para el trabajo, se le comenta que no se puede hacer un informe, si no hay una dolencia, esta persona se puede poner incluso violenta.

-Otra personal simplemente que tiene mal carácter y cuando pide o se comunica es una persona muy desagradable que habla con poco respeto. No tiene ninguna consecuencia es simplemente así. Para colmo dice que se siente discriminada por que no le hacen caso.

-Otra persona que llega para conseguir un servicio que no se puede ofrecer, porque no lo cubre la sanidad o porque es ilegal. Pues algunos son capaces de decir que no se le cubre su necesidad porque es de otra raza o país. Estas personas son simplemente problemáticas y no hay que buscas más excusas. Nuestra sanidad es Universal.

-Una persona enferma llega al hospital, con más de 10 familiares y esos familiares quieren que a su familiar se les atienda primero colándose por delante de personas que llevan esperando mucho más rato. El celador le comunica que tiene que esperarse, los familiares se ponen a liarla y molestar, se les comunican las normas y se les pide que esperen en la zona de espera. Si continúan molestando y se ponen agresivos y no se les puede convencer que se tranquilicen. Lo mejor es llamar a la policía. Bueno después cuando llega la policía, le comenta la familia de los problemáticos, que llaman el hospital a la policía porque ellos son de otro país o raza. Estas personas también son problemática y no hay que hacer mas caso.

Estadísticas

Estos resultado, se han realizado. Con una encuesta por internet con 200 usuarios, otra a pie del hospital 100 celadores.

Las preguntas para los usuarios eran,
-¿Vais mucho a urgencias? repuesta, si un 64%, no 31%.
-¿Son siempre urgencias y no ambulatorio, que ustedes sepáis? si 30%, no 59%, no sabe 11%.
-¿Soléis preguntar correctamente a los sanitarios las dudas? Si 79%, no 21%
-¿Cuando preguntáis a un celador una estancia de un hospital , os dedican el tiempo necesario?. Si 91% , no 9%.
-Pero cuando habéis preguntado al celador sobre la estancia, ¿alguno os ha acompañado al lugar y preguntado si puede ayudar algo más? , ¿Ha sido cálido su trato? Si 20% no 80%.
-¿Hoz gustaría que los celadores y sanitarios, le dedicaran más tiempo a la atención personal y asertiva? Si 94 %, no 6%.

-¿El tiempo de espera es el principal problema en urgencias? Si 42%, no 34%, no sabe 24%.

-¿Habéis tenido alguna vez un problema de comunicación con un celador o sanitario? Si 9%, no 83%, no sabe 8%.

-¿Habéis tenido una comunicación asertiva, agradable con celador o sanitario? No 90%, si 10%.

-¿Alguna vez habéis sido agresivo y desagradable con un sanitario? Si 9%, no 91%.

-¿Soléis tener almacena medicación que no necesitáis?. Si 83%, no17%

-¿Hoz auto medicáis cuando tenéis algún malestar? Si 80, no 20%.

-¿Tiráis la medicación el lugares controlados como farmacias? Si 64%, no 36%.

-¿Soléis llegar al médico de cabecera a pedir medicación para amigos o familiares? Si 39%, no 61%.

-Habéis llamado una ambulancia y después del reconocimiento del médico no hacía falta? Si 32%, no 68%.

-¿Alguna vez habéis hecho deporte de riesgo como escalada, montañismo , parapente, submarinismo entre otros .Sin tener la experiencia y formación, en dicho deporte, Con el riesgo que contrae? El 29% si el 69%No.

-¿Habéis comunicado a gestoría de usuario alguna vez la devolución de una prestación social que no necesitarais , como una cama adaptada, respirador, colchón anti escaras, entre otras' Si 52% no 48%.

-¿Habéis alguna vez   mandado una propuesta para mejorar un servicio, a Gestoría de Usuario? Si 2% No 98%.

-¿Cuando desconocéis una particularidad de una especialidad o servicio, soléis preguntar y aceptáis que el servicio para el buen funcionamiento os atienda más tarde, ejemplo en urgencias? Si 62% 48%.

-¿Cuando estáis con un medico, sanitario o celador y le pedís una medicación, material o justificantes que no os corresponde, por cuestiones legales o del hospital? .¿Contestáis mal de forma provocadora o amenazante?. No 91% Si 9%.

-Cuando os atiende con atención y cortesía, ¿pensáis que la sanidad mejora? Si 91% ,No 9%.

Preguntas al sanitario y celador.

-¿Alguna vez un usuario sin motivo, le ha contestado con malos modos? Si 9%, no 91%

-¿Normalmente le dedica el tiempo necesario a los usuarios, para explicarle una duda? Si 52% no 48%

-¿Es amable, atento con los usuarios, cuando le preguntan varias veces, sabré el tiempo de espera en urgencia?Si 53% no 47%.

-¿Suele ser empático cuando un enfermo se siente mal? Si 59%, no 41%

-¿Suele ser empático con los familiares de un enfermo, cuando están muy preocupados? Si 36% no 64%

-Cuando un enfermo se pone impertinente ¿le contesta de la misma forma? Si 10% no 90%

-Cuando un enfermo o familiar, con o sin causa se pone insolente y agresivo, ¿mantenéis la tranquilidad y la profesionalidad? Si 90% no 10%

-Si estáis en la puerta de urgencias y llega un vehículo con unas personas mayores uno de ellos es el paciente ¿saldríais a preguntar si necesitan silla de rueda? Si 21% no 79%.

-Si llega una persona que le cuesta trabajo expresase ¿soléis tener paciencia para explicarle su duda? Si 86% no14%

-En una urgencia muy llena de personas y están muy inquietas y indignadas por esperar tanto tiempo ¿habéis perdido la tranquilidad? No 97% si 3%.

-En plantas con enfermos especialmente delicados por su gravedad y emotividad ¿habéis sido amable, empático y serviciales? Si 59% no 41%.

Esta estadística está hecha en la web todogamempatia.blogspot.com y otras pregunta realizadas directamente.